인용: Jones, A.M., and Ellis, J. (2012). 식물과 같은 나의 삶. Rockville, Md.: 미국 식물생물학자 협회

ASPB 주소, 15501 Monona Drive, Rockville MD 20855 USA. www.aspb.org.

도서관 의회 목록 발간 자료를 위한 도서 의회 목록
LC control no.: 2012939279
LCCN permalink: http://lccn.loc.gov/2012939279
교재 형태: 책 (복사, 소형, 전자 등)
개인 이름: 알란 존
주 제목: 식물과 같은 나의 삶/ 알란 존, 제인 엘리스
발간호: 첫번째
발행처: Rockville, MD : 미국 식물 생물학자 협의회, 2012.
설명서: p.cm.
발행 날짜: 2012 월 6월
ISBN: 9780943088679 (alk. paper)

발간지: 미국 Printed in the United States of America
첫번째 인쇄: 2012 년 6 월, Minuteman Press, Inc.

# 식물과 같은 나의 삶

## 저작자

디자인 팀: 조단 휴퍼리,
에밀리 오마라 그리고 케시 존스

예술팀: 사라 박, 야곱 킹,
제르미 베스, 코너 미란다
그리고 수잔 휫필드

구상: 알렌 존스 박사
그리고 제인 엘리스 박사
놀스케롤라이나 대학교, 차펠 힐

옮김: 이지영, 김정임

"안녕! 내 이름은 해바라기 셀리야!
내 뿌리는 땅 밑에 있고 내 잎과 줄기는
태양을 바라보기 위해 땅 위로 나와 있지."

꽃잎

잎

줄기

뿌리

식물은 씨앗에서 부터 태양을 향해 자라나.
새싹들이 태양쪽으로 방향을 잘 찾을수
있게 도와줘.

"네가 음식을 먹어야 자라나는 것 처럼,
나도 성장하기 위해서는 음식이 필요해."

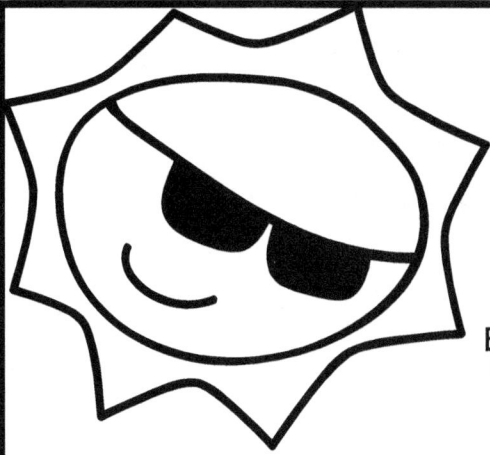

"하지만 난 태양으로 부터 나오는 에너지와 공기 중에 있는 이산화탄소 그리고 물 로 음식을 만들지."

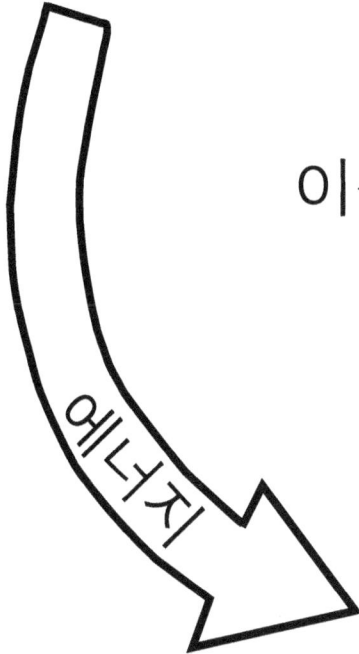

이산화탄소

에너지

물

⑤

"우리 모두 음식이 필요하지만 우리는 서로
다른 방식으로 음식을 준비하지.
자 한번 조리법을 비교해 보자."

## 셀리의 음식

광합성:
- 태양
- 이산화 탄소
- 엽록소
- 물
- 무기물

설탕과 산소가 만들어지게
잘 섞어죠.

## 인간의 음식

굽지 않은 땅콩 버터
쿠키

- 8 그램의 사각 크래커가
  부스러기가 되도록 으깨줌
- ¼ 컵의 건포도
- ¼ 컵의 땅콩버터
- 꿀 2 큰스푼
- 달지 않는 코코넛
  4 큰스푼

물

설탕

"음...맛있어 보여. 자 그럼 이제 구워보자!
항상 어른들께 도움을 요청해야 해."

# 굽지 않은 땅콩버터 쿠키

어른들께 도움을 요청하자.

합하기 :

작은 그릇에 그램 크래커 부순것들,

건포도,

땅콩 버터,

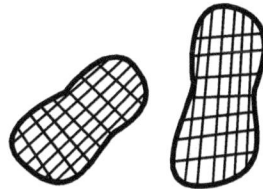

그리고 꿀 넣어줌.

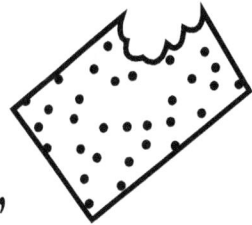

숟가락으로 섞어주기.

8개의 쿠키가 되도록 펴주고,
코코넛을 밖에 발라서 가볍게 눌러줘.

단단해 질때까지 차갑게해줘.

너 쿠키에 들어가는 이 모든것들이 식물로
부터 나온다는것을 알고 있니?

"태양은 내가 음식을 만드는데 도움을 줘.
산소, 물, 그리고 무기물도 필요해
이런 것들은 내가 음식에서 에너지를 만들어 낼때 도움을 주지."

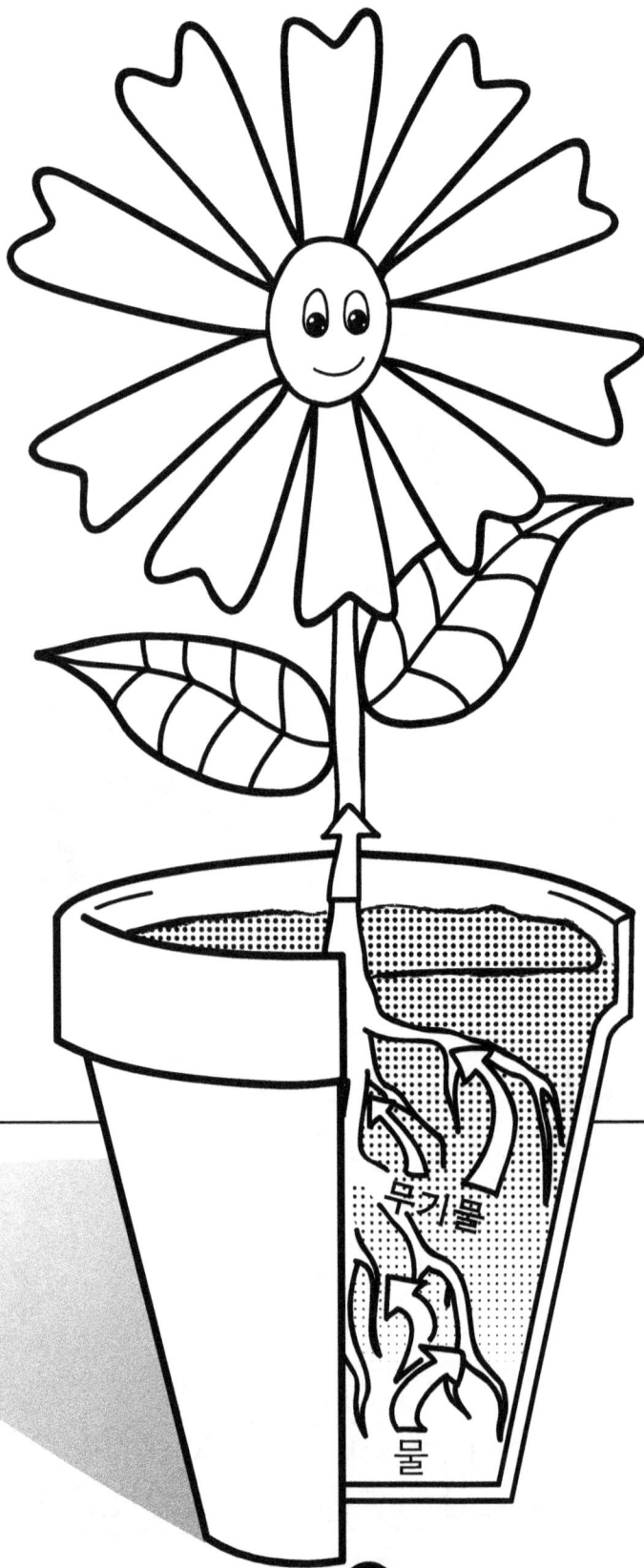

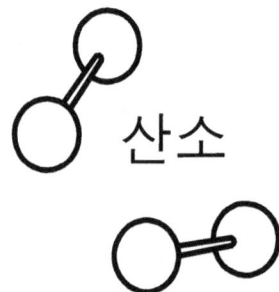

산소

무기물

물

식물은 우리에게 필요한
공기를 만드는것을 도와줘.

"넌 뼈를 가지고 있지. 난 세포벽을 가지고 있어.
세포벽은 우리를 튼튼하게 보호해
줘서 우리는 계속 잘 자랄 수 있어."

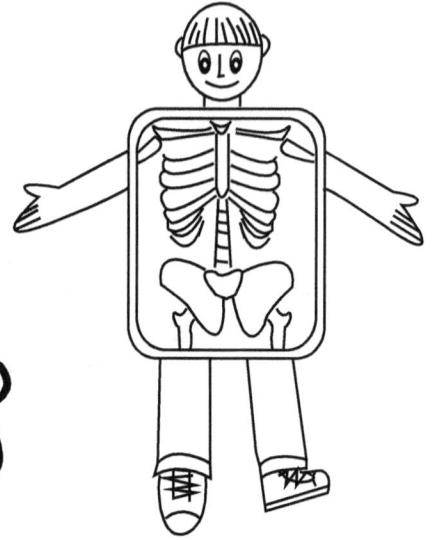

세포벽 (W)은 갈색으로 색칠 해보아요.
세포 (C)는 노란색으로 색칠해 보아요.
셀리의 세포벽의 점들을 연결해 보아요.

은 초록색으로 색칠해 보아요. 이것은 엽록체라고 해.
이것때문에 셀리는 초록색으로 보여.

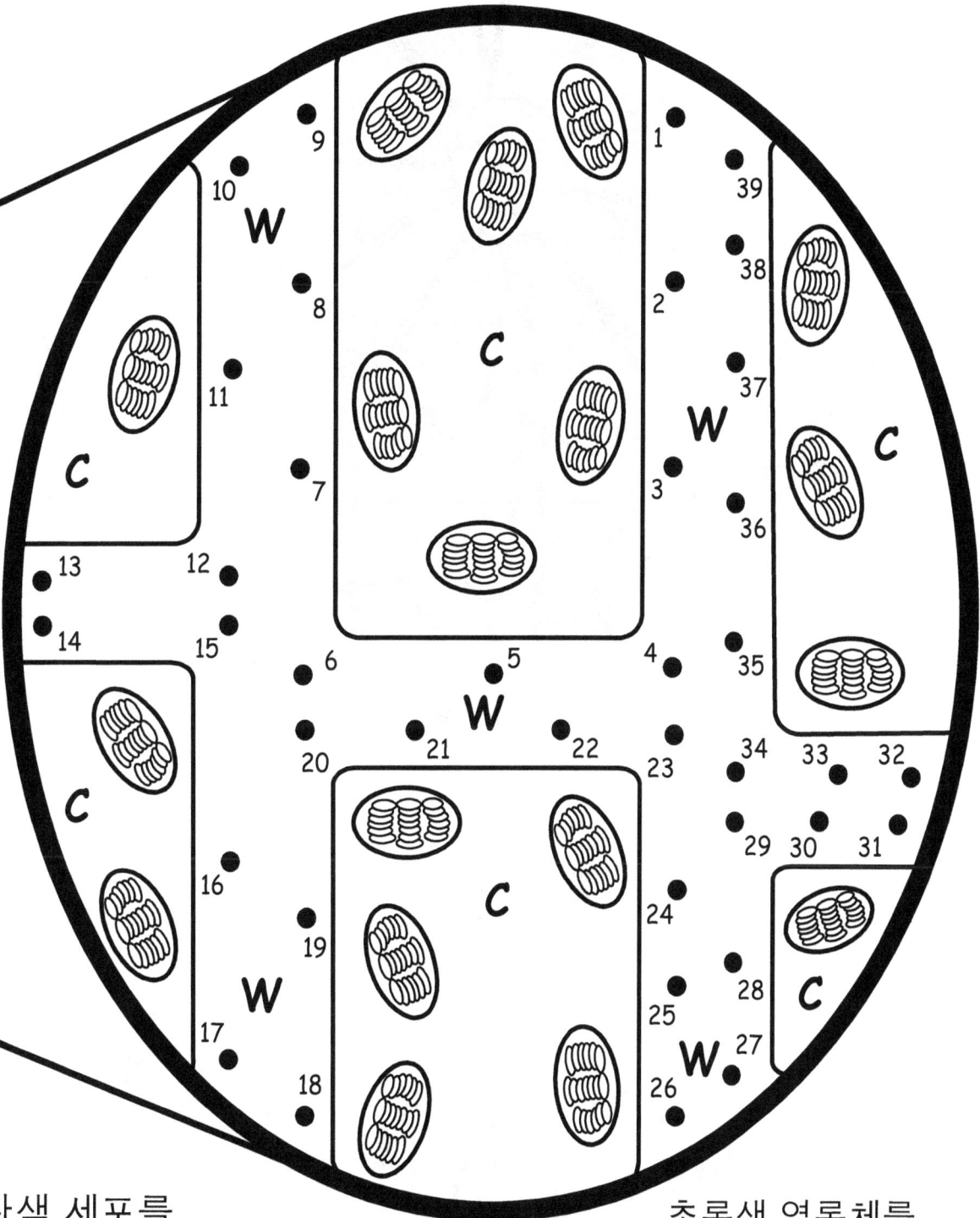

W

9

10

W

8

C

11

C

7

1

39

38

2

37

W

3

36

C

13 12

14 15

C

6 5 4 35

W 33 32

20 21 22 23 34

29 30 31

W

16

19

24

W

17 25 28 C

18 26 27 W

노란색 세포를
세어보아요. ____

**11**

초록색 엽록체를
세어보아요. ____

"넌 공원에 갈때 벌레 퇴치용 스프레이를 가져가지.
난 스프레이 없이 벌레를 쫓아 버릴수 있어."

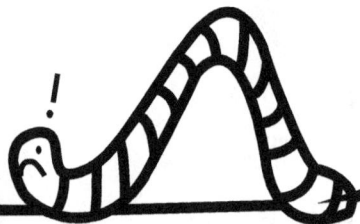

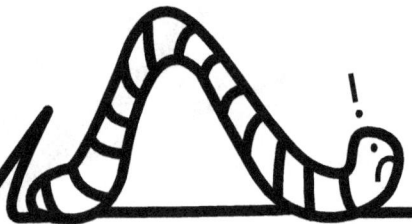

식물도 너처럼 다칠 수 있어.
하지만 식물은 그곳에 새로운 부분을 만들어내.
사람은 그렇지 않지.
삽에 의해 잘려진 꽃 하단부위에 새로운 뿌리를 그려봐.
꽃들이 창백해 보여. 얘들에게 색깔을 좀 넣어 보는건 어때?

"점들을 연결해봐. 내가 누구인지 보일거야!
색깔도 입혀줘"

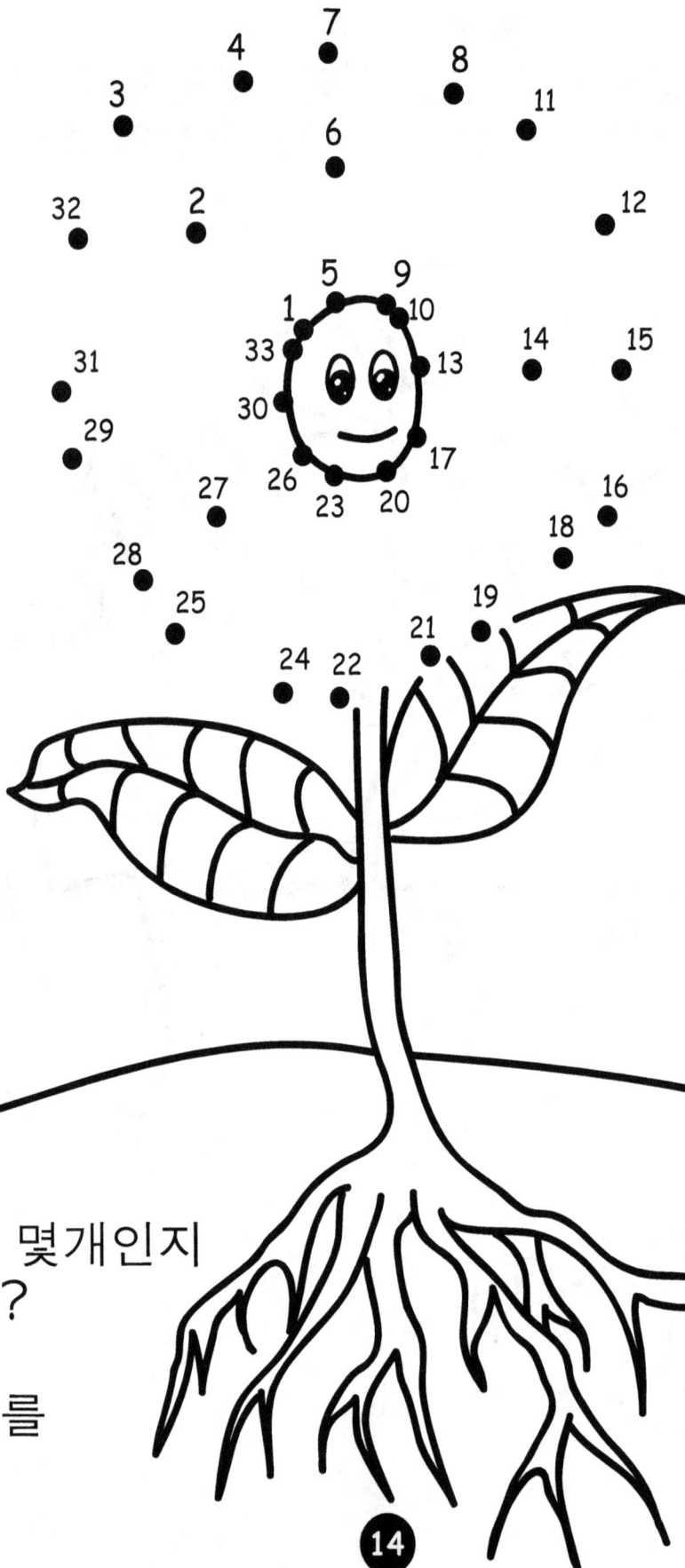

뿌리끝이 몇개인지
세어볼래?

동그라미를
그려봐.

14

# 식물의 기관을 찾을수 있니?

기관이름을 셀리에게 선으로 연결해줘

1. 꽃잎

2. 씨앗

3. 줄기

4. 뿌리

이것은 셀리의 가족 앨범이야.
"나는 아주 오래된 가문 출신이야.
나의 가족에겐 오랫동안 많은 변화가 있었어.
그게 오늘의 나를 만든거야."

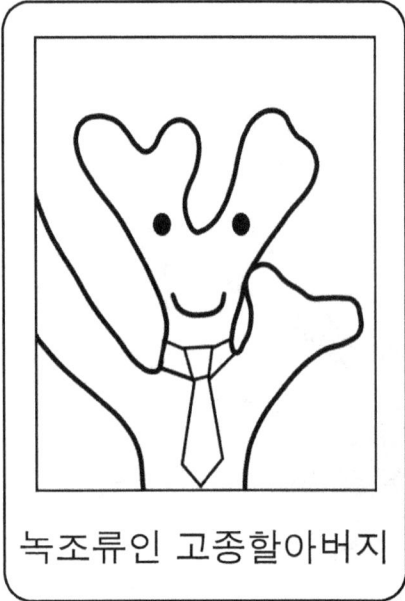

녹조류인 고종할아버지

이끼 할아버

나!

"자 이제 너의 가족을 나한테 소개해봐!
너의 가족 앨범을 그릴수 있니."

엄마

아빠

너의 눈은 너의
엄마랑 닮았니
아님 아빠랑
닮았니?

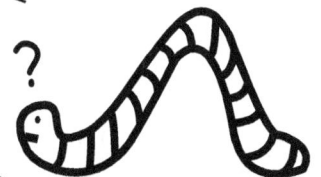

너의 이름을 적어봐

"내 친구들은 형태나 크기가 다양해."

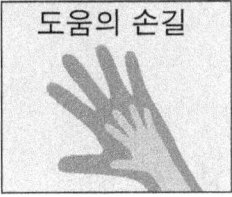

형태나 크기가 다른 잎을 찾아봐.

함께 사는 식물과 동물을 찾아봐.

"안녕! 난 전나무 더글라스야.
난 산에 살고 있지.
난 일년내내 날씬한 잎을 유지하고 있어.
아기 전나무는 솔방울안에 있는 씨앗으로 부터 자라나지."

"얼마나 많은 아기 전나무가 더글라스
옆에서 자랄수 있는지 궁금해."

"안녕! 난 고사리 프랜이야.
난 나무아래 그늘진 곳에 살아."

21

"안녕! 나는 선인장 찰리야.
나는 뜨겁고 건조한 사막에서 살고 있어."

# 식물들이 어디에 사는지 연결해 볼수 있겠니?

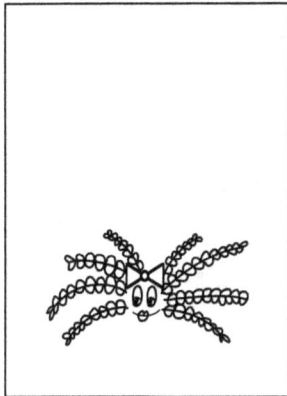

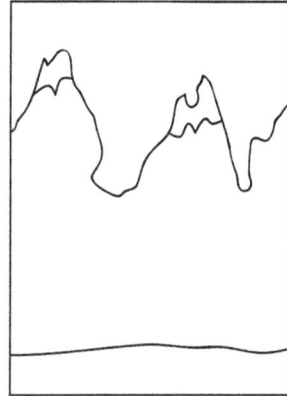

너를 그려봐

네가 사는 곳을 그려봐

"이렇게 열심히 자라나고, 놀고나면 목이 마르지!
물을 좀 마시고 깊은 숨을 쉬는게 좋겠다!"

# 식물의 배관 시설

준비물:

- 컵하나 (넘어지지 않은 무거운 컵)
- 샐러리 줄기 하나
- 식용색소

1. 컵에 물을 반컵 채워준다.
2. 식용색소 4방울 을 넣은 후 저어준다.
3. 샐러리 줄기의 끝을 잘라준다.
4. 샐러리 줄기를 물속에 담근다.
   이때 잘려진 부분이 아래로 향하도록 한다.
5. 샐러리에 무슨일이 생길 것 같아?
   네가 예상하는 것을 그림으로 그려봐.
6. 무슨일이 생겼는 지 이제 확인해봐.
   매  6시간 마다 확인해봐.
7. 자 이제 뭐가 보여? 그걸 그려봐.
8. 줄기 잘라서 열어봐. 안에 무엇이 있어? 그려봐.

다른 긴 줄기를 가지고 있는 식물을 찾아 똑 같이 해봐.
같은 현상이 일어난 것은 뭐야? 어떤것이 다르니?

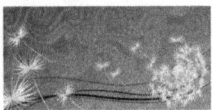

"내친구 꿀벌 벳티는  나의 꽃가루를 퍼트리는 것을 도와주고 있어.
그녀는 열심히 일해!
나는 나의 달콤한 과즙을 벳티에게 나눠주는것을 좋아해."

꿀벌 벳티가 꽃가루를 집어서 벌집으로
갈 수 있도록 길을 안내해!

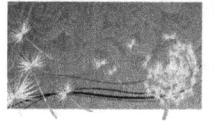

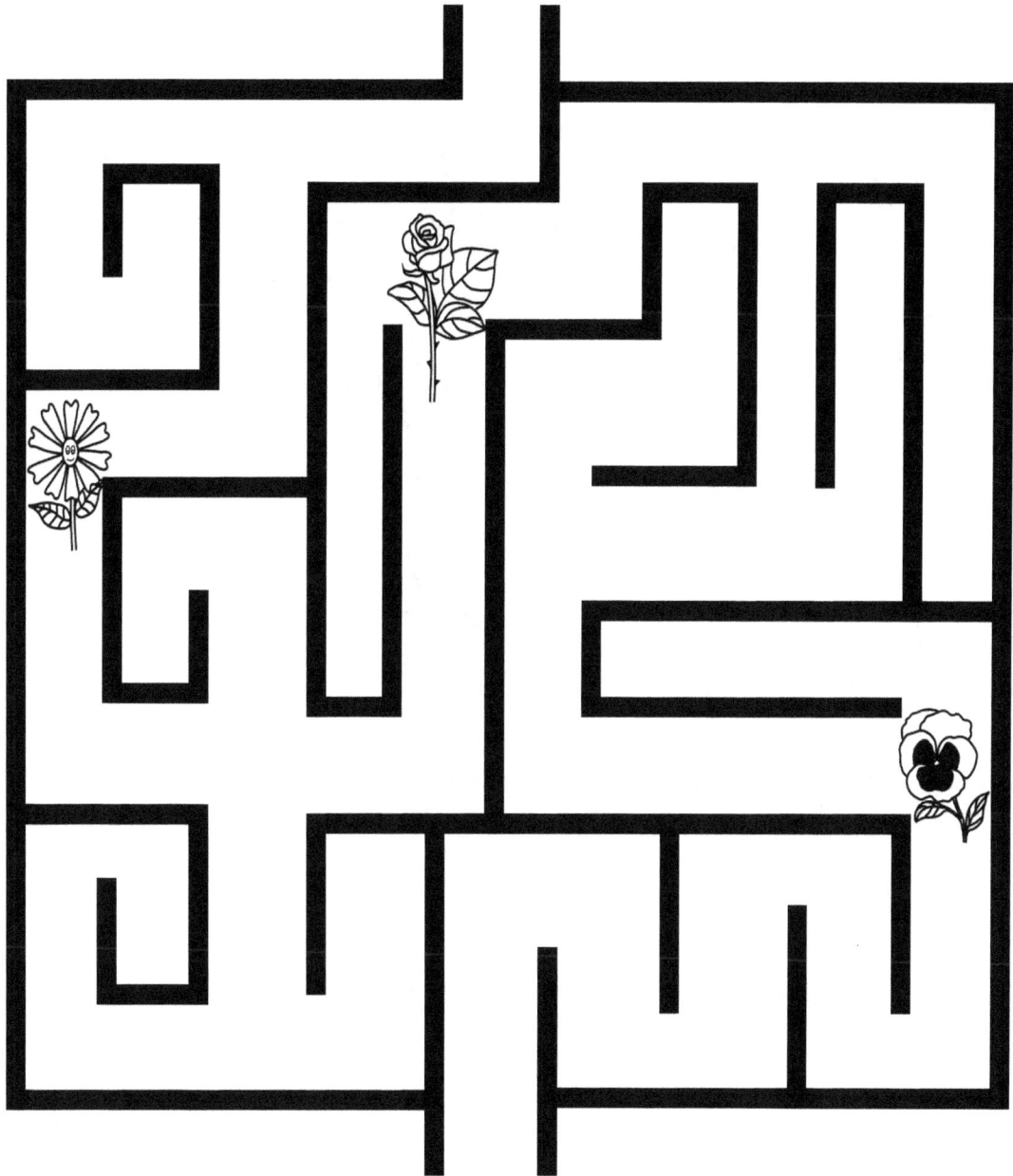

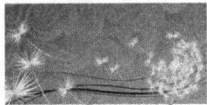
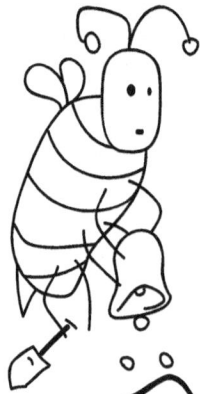

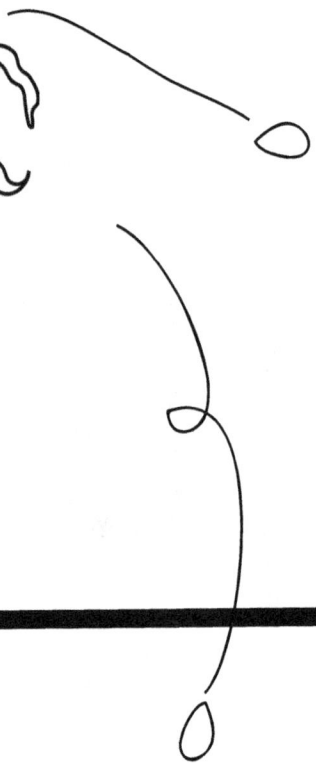
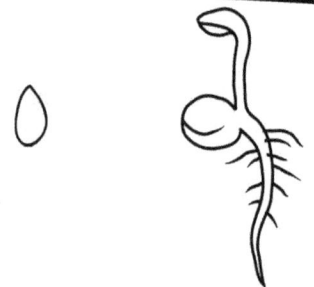

28

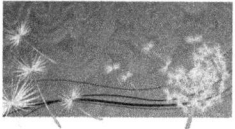
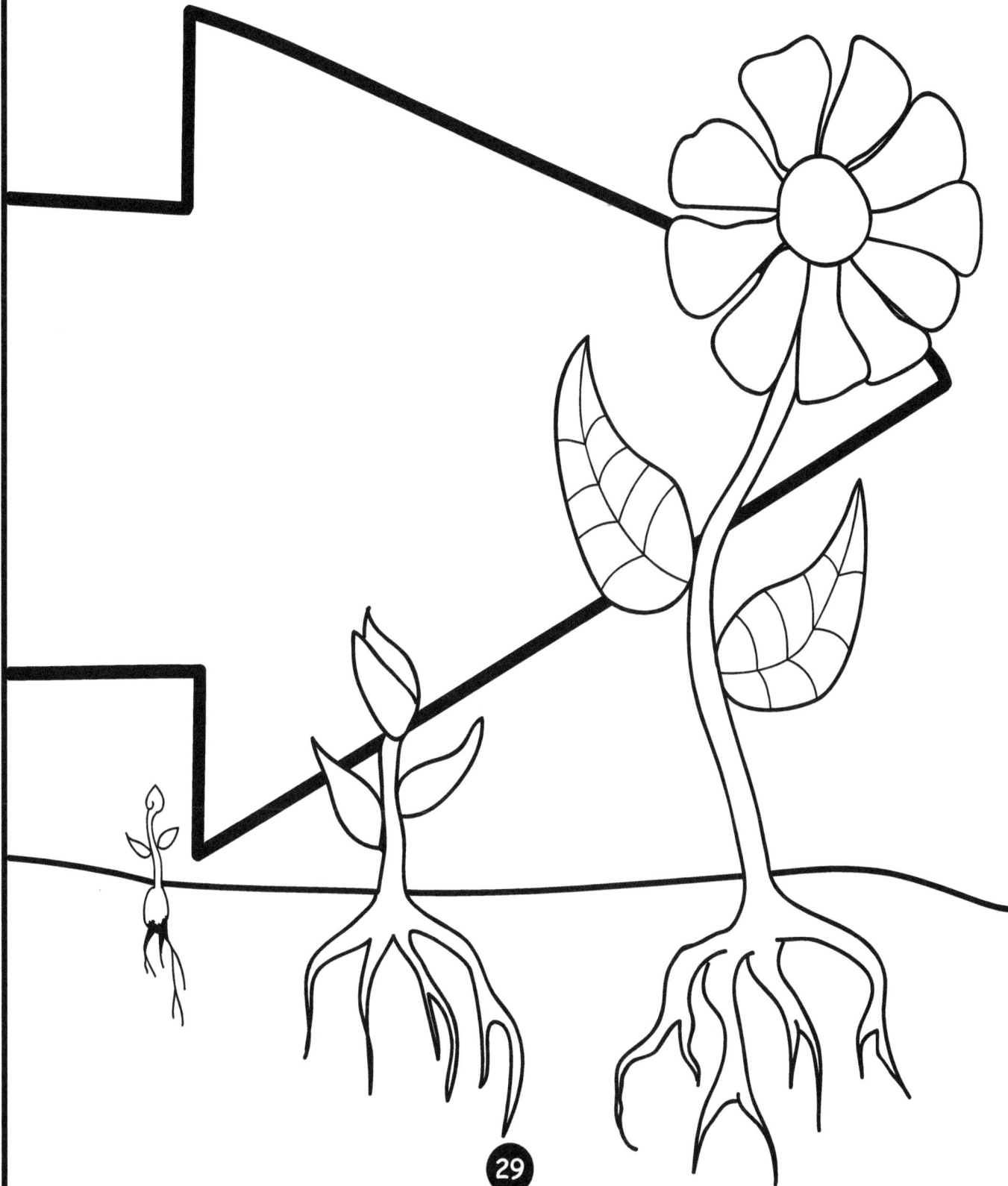

29

# 가을 잎들

가을엔 많은 나무의 잎들이
초록색의 엽록체를 사용하는것을 멈춰.
초록색이 사라져.
가을에 맞는 잎의 색깔을 색칠해줘.

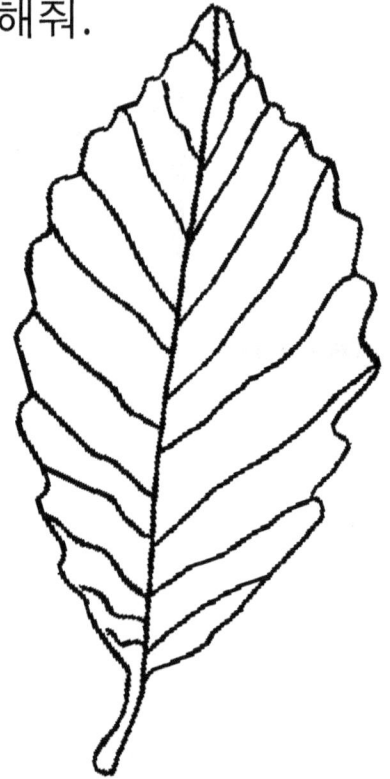

# 많은 것들이 식물로 부터 만들어져.

씨리얼

# 식물로 부터 만들어지는 물건들을 동그라미 해봐요.

도움의 손길

## 식물로 그림 그리기

준비물 :

- 다양한 색상의 야채, 과일, 꽃 그리고 양념들. 예를 들면 블루베리 ( 신선한 또는 냉동),
  당근, 커피 (인스턴트도 괜찮아), 손질된 겨자, 채소들 (적상추, 시금치),
  카레 가루 그외에 네가 원하는 것들
- 작은 용기
- 페인트솔 또는 그림그리기용 면봉
- 물
- 선택사항: 레몬주스 또는 베이킹 소다

사용법:
각가의 작은 용기안에 미리 갈아 놓았거나 액상 형태의 식물체를 조금 넣고 아주 작은 양의 물을 넣는다.
그림에 사용할수 있을 정도의 질은 용액의 형태가 나올때 까지 섞어준다. 어떤 식물들은 잘게 썰거나
물을 조금 넣고 으깨어 줘야 한다. 블루베리, 당근, 빨간 고추 그리고 상추/ 시금치 같은 식물이 이런
경우이다. 어깬후, 액체는 커피 필터종이를 사용해서 걸러준다. 상추의 잎을 초록색으로 칠하고 싶은
곳에 다 올려 놓고 동전으로 상추 위를 문질러봐. 초록색이 종이에 옮겨질거야. 블루베리와 많은 과일,
야채 그리고 꽃들은 산성과 염기상태에 따라 색깔이 변할거야. 만약에 블루베리 액체에 식초를 소량
추가하면 핑크색으로 변할거야. 소량의 물과 함께 베이킹 소다를 넣어주면 블루베리는 아름다운
보라색으로 변할거야.이렇게 옷, 섬유 그리고 삶은 달걀을 염색 할 수 있어.

# 더 많은 활동들
## 너의 채소를 키우기

준비물:
- 콩 씨앗 1 봉지
- 씨앗을 심을 2개의 작은 컵
- 모래
- 물
- 식물 영양제

6개의 씨앗을 물에 밤새도록 불러준다. 2개의 컵에 수분이 있는 모래를 가득채워준다. 각각의 컵 모래 표면아래에3개의 씨앗을 각각 심는다. 컵을 창가에 두고 매일 매일 확인한다. 마르지 않도록 확인한다. 식물이 자라기 시작하는것을 확인후 1개의 컵에 식물 영양제를 첨가해준다. 얼마 만큼 사용해야 하는지는 영양제 통에 나와있는 사용 설명서를 확인한다. 다른 컵들에는 영양제를 넣지 않는다. 3-4 주후 모래로 부터 식물을 꺼낸후 그들을 그려본다. 각각이 어떻게 다르게 자랐니?

| 영양제를 사용한 식물: | 영양제를 사용하지 않은 식물: |
| --- | --- |
|  |  |

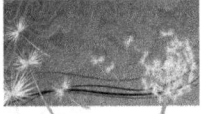

# 더 많은 활동들!

## 어떻게 식물들이 더 많은 식물을 만들지!

필요한 것들:

- 리마콩, 해바라기 씨앗, 호박 씨앗
- 물
- 작은 컵들
- 흙

리마콩을 물에 1시간 정도 불려준다. 부모님의 도움을 받아서, 하나의 콩을 두개로 분리한다. 안에는 작은 아기 식물을 볼수 있어. 그리고 작은 잎과 뿌리도 확인한다. 6-8개의 콩과 다른 씨앗들은 밤새도록 물에 불려준다. 수분이 함유된 흙이 닮긴 컵에 씨앗을 심고 창틀위에 둔다. 이제 너의 식물들이 성장하는것을 매일 지켜본다! 당근의 꼭대기부분을 자른후 물이 담긴 얇은 접시에 둔다. 이것들이 마르지 않도록 확인하고 씨앗없이 성장하는것을 관찰해봐!

# 어떤 방향으로 자랄까?

준비물:
- 리마콩이나 다른 콩들 씨앗
- 씨앗을 심을수 있는 작은 항아리 또는 컵
- 흙
- 물

6-8개의 콩 씨앗을 물에 밤새 담겨둔다. 두개의 항아리와 컵을 가져와서 수분이 있는 흙으로 채운다. 각각의 컵 표면 아래에 약 3-4개의 씨앗을 심는다. 컵을 창가에 두고 매일매일 확인 한다. 컵이 마르지 않도록 확인한다. 식물들이 12-15센티메터 길이로 자라면 항아리중 하나를 가장자리로 조심스럽게 돌린다. 네 생각에 무슨일이 있어 났을것 같니? 무슨일이 일어 났는지 다음주 까지 지켜본다. 10일후 식물을 항아리로 부터 분리해 낸후 흙을 씻어 낸다. 각각의 식물에 무슨일이 일어 났니? 그들을 종이위에 각각의 페이지에 두고 그린후 색깔을 입혀준다. 식물의 성장에 변화를 주는것무엇 이라고 생각하니? 하나는 빛에 두고 다른 하나는 빛이 없게 두고 이 실험을 반복해 본다. 너의 생각에 빛이 없이 자란 식물에 무슨일이 생길거 같니? 약 10일후 빛이 없이 키운 식물을 꺼내본다. 어둠에서 자란 식물은 무엇이 다르니?

여기에 너의 식물들을 그려보고 색칠해 본다.

선생님, 부모님 그리고 보호자님들:

여기 그림책은 어린 학습자를 포함한 모든
사람들이 매일 일상에서 보는 식물의 중요성,
식물이 어떻게 실생활과 연관되어 있는 지 그리고
식물의매력를 깨닫게 돕기 위해 협회 관점에서
미국 식물 생물학자 협회 지원에 의해
출간되었습니다.
이 책은 ASPB 교육 재단에 의해,
미취학 아동들도 이해할수있도록 만들어
진 것으로, 12 개의 식물학 원리를 다루고
있습니다.
식물의 해부학, 생리학, 생태학 그리고 진화학을
재미있게 배울 수 있는 자료를 제공하고자
만들게 되었습니다.
이책의 복사를 원하거나 소속 되어있는
분야의 식물 과학자와 함께 연락을 원하시면
info@aspb.org 로 연락 주십시요.
유치부에서 고등부를 위한 무료 자료들은
www.aspb.org/education 으로 방문해주세요.